Dr. Karl Schuette
Professor of Astronomy in the
University of Munich

(13b) Munich 27, Germany
Postbox 40
June 1953

Dear Sir!

I take pleasure in sending you a copy of my investigation:

Galaktozentrische Bahnelemente von 1026 Fixsternen in der nächsten Umgebung der Sonne, Teil ~~I und~~ III

Sitzungsberichte der österreichischen Akademie der Wissenschaften, mathem.-naturw. Klasse, Abt. II a, Band 162, ~~9. 10. Heft~~ 1953

I would be very glad if in exchange you could send me your publications and also return the enclosed postcard. I should also like to have brought to my attention any omissions or corrections to the catalogue, as well as to have all new publications of the above mentioned stars in order to be able to continue the research work in this field.

Yours sincerely
Professor Dr. K. Schuette
F.R.A.S.

ISBN 978-3-662-37491-7 ISBN 978-3-662-38256-1 (eBook)
DOI 10.1007/978-3-662-38256-1

Galaktozentrische Bahnelemente von 1026 Fixsternen in der nächsten Umgebung der Sonne

Von

Karl Schütte (München)
korresp. Mitglied der Österreichischen Akademie der Wissenschaften

(Mit 5 Abbildungen)

(Teil III vorgelegt in der Sitzung am 23. April 1953)

Teil III: Statistische Untersuchung der Verteilung der Bahnelemente in den verschiedenen Sterngruppen und für alle Sterne sowie Aussonderung besonders interessanter Einzelsterne

§ 10. Vorbemerkung für die statistische Auswertung der Bahnelemente

Die im Katalog des Teiles II dieser Untersuchung[1] gegebenen galaktozentrischen Bahnelemente von über 1000 Fixsternen in der nächsten Umgebung der Sonne sollen jetzt nach verschiedenen Gesichtspunkten statistisch ausgewertet werden. Dabei ist jedoch die in § 8 gewählte Einteilung in vier Gruppen beibehalten worden, um die Unterschiede in diesen deutlich erkennen zu lassen. Außerdem ist natürlich die Statistik des gesamten Materials wünschenswert. Als Unterteilung für die Auszählung hat sich die folgende Intervallgröße als zweckmäßig erwiesen:

Neigung $180° - i$: von 1° zu 1°
Exzentrizität e: von 0,05 zu 0,05
Anomalie v: von 10° zu 10°
gr. Halbachse $a/a_{\odot}$: von 0,1 zu 0,1 (wobei $a_{\odot} = 1$ ist)
Bahngeschwindigkeit V: von 20 zu 20 km/sec

[1] K. Schütte, Galaktozentrische Bahnelemente von 1026 Fixsternen in der nächsten Umgebung der Sonne, Teil I und II, Sitzungsber. d. Österr. Akad. d. Wiss., mathem.-naturw. Kl., Abt. IIa, Bd. 161, Heft 9/10 (1952).

Die letztere ist natürlich kein selbständiges Element und wurde nur wegen des besonderen Interesses hinzugefügt.

Bei der Gruppe 3 „Bright stars" ist die Unterteilung in 3a (0^h—12^h) und 3b (12^h—24^h) beibehalten worden, um eine vielleicht mögliche Abhängigkeit von der Rektaszension hervortreten zu lassen; diese scheint übrigens nicht vorhanden zu sein.

Um die einzelnen Gruppen in ihrem Verhalten einwandfrei miteinander vergleichen zu können, ist neben der direkten Auszählung auch die prozentuale Häufigkeit in Diagrammen dargestellt worden. Auch die umfangreichen statistischen Auszählungen konnten dank der Unterstützung durch die Deutsche Forschungsgemeinschaft zu einem großen Teil von Frau Dr. Weinmann, Nürnberg, ausgeführt werden.

§ 11. Die Verteilung der Neigungen $180° - i$

Führt man die Auszählung der Bahnneigungen $180°—i$ gemäß den obigen Festsetzungen durch, so ergeben sich die in Tabelle 1 und Abbildung 4 wiedergegebenen Anzahlen und prozentualen Häufigkeiten.

Hieraus können für die einzelnen Gruppen die folgenden Schlüsse gezogen werden:

1. Die Nearest Stars haben überwiegend kleine Neigungen; für 72% aller Bahnen ist $180°—i$ kleiner als 5°. Werte von mehr als 10° haben noch 16 Sterne (10%). Außerhalb der Abbildung 4 liegen nur 2 Sterne (1,2%) mit Neigungen von mehr als 29°. Dies sind übrigens die beiden interessantesten Sterne des Programms, auf die wir noch häufiger zurückkommen werden.
2. Bei den Schnelläufern ist das Häufigkeitsmaximum viel breiter; die größte Häufigkeit liegt zwischen den Werten 4° und 5° für $180°—i$. Auch für größere Werte nimmt die Häufigkeit viel langsamer ab. Noch 54 Sterne (26%) besitzen Neigungen von mehr als 10°. 11 Sterne liegen außerhalb der Abbildung, da ihre Neigungen größer als 29° sind. Wir finden sie in Tabelle 2 einzeln aufgeführt.
3. Die Bright Stars besitzen in beiden Gruppen die größte Häufigkeit bei kleinen und kleinsten Neigungen. Nur 5 Sterne (0,9%) haben — in beiden Gruppen zusammen — Neigungen von mehr als 10°, aber nicht über 13°.

Tabelle 1: Statistik der Bahnelemente: Anzahlen der Neigungen $180^\circ - i$

$180^\circ - i$	Gruppe					
	1	2	3a	3b	4	alle
0°— 1°	**27**	16	**60**	64	16	**183**
1 — 2	25	20	51	**65**	13	174
2 — 3	**27**	20	47	**65**	**20**	179
3 — 4	21	10	47	31	15	124
4 — 5	18	**24**	20	20	7	89
5 — 6	11	19	8	17	7	62
6 — 7	5	19	6	10	11	51
7 — 8	7	9	4	3	7	30
8 — 9	5	11	3	6	5	30
9 —10	1	8	2	1	7	19
10 —11	2	4	2	2	2	12
11 —12	2	8	—	—	1	11
12 —13	2	5	—	1	1	9
13 —14	1	1	—	—	1	3
14 —15	—	1	—	—	—	1
15 —16	1	3	—	—	3	7
16 —17	1	3	—	—	—	4
17 —18	2	3	—	—	—	5
18 —19	1	1	—	—	—	2
19 —20	2	2	—	—	—	4
20 —21	—	2	—	—	—	2
21 —22	—	2	—	—	1	3
22 —23	—	—	—	—	—	—
23 —24	—	1	—	—	—	1
24 —25	—	1	—	—	—	1
25 —26	—	2	—	—	—	2
26 —27	—	1	—	—	—	1
27 —28	—	2	—	—	—	2
28 —29	—	1	—	—	—	1
> 29°	2	11	—	—	1	14
Summe	163	210	250	285	118	1026

4. Wieder etwas breiter ist das Häufigkeitsmaximum bei der Gruppe Sonstige Sterne. Bei 10 Sternen (8,5%) kommen Neigungen von mehr als 10° vor. In der Tabelle 2 sind nur die beiden Neigungen von mehr als 20° aufgeführt.

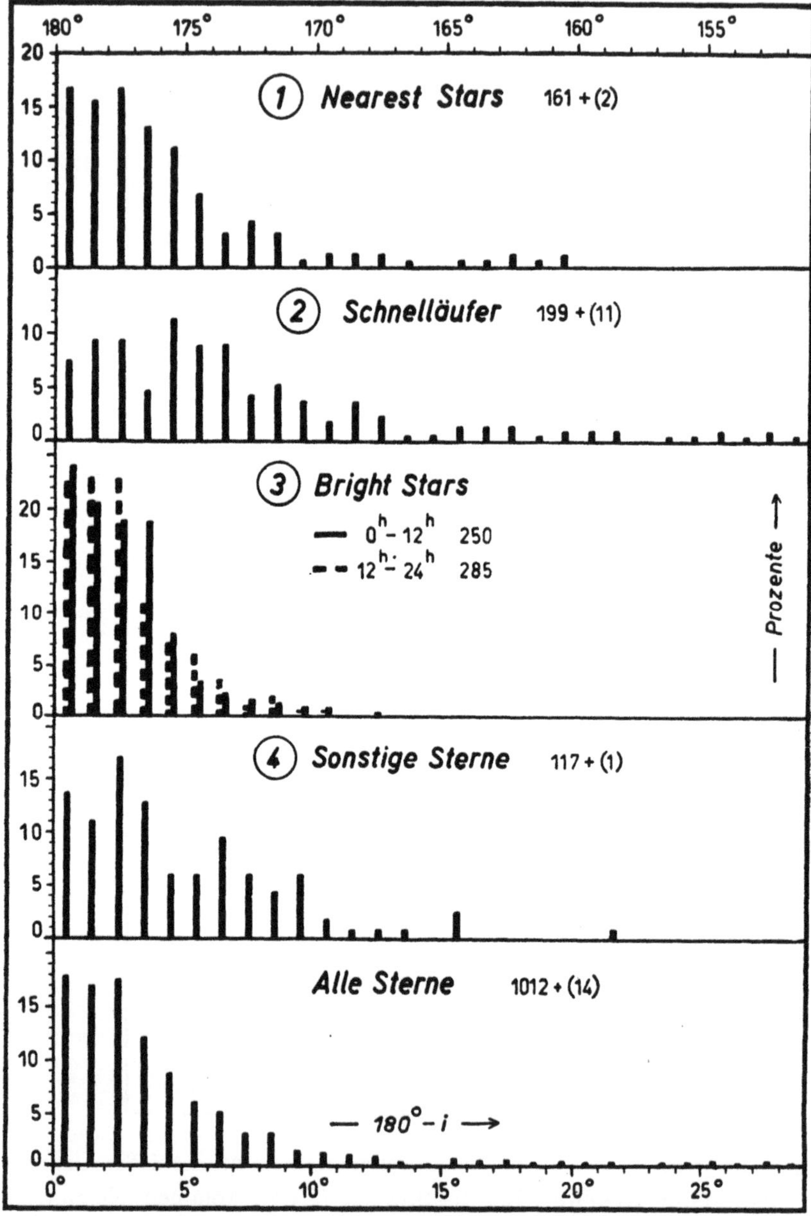

Abb. 4. Prozentuale Häufigkeit der Neigung *i*

(Die Zahlen in Klammern geben die Anzahl derjenigen Sterne an, die nicht mehr auf dem Diagramm sind, weil ihre Neigung zu groß ist.)

5. Betrachten wir alle 1026 Sterne zusammen, so haben 749 Sterne (73%) Neigungen bis zu 5°. Werte über 10° kommen noch bei 85 Sternen vor (8,3%); dabei befinden sich ein rückläufiger Stern und zwei Sterne, die nahezu senkrecht zur Galaxis laufen und daher besondere Beachtung verdienen.

Die folgende Tabelle 2 gibt die Übersicht über die großen Neigungen, wobei die anderen Bahnelemente der Vollständigkeit halber mit angeführt sind.

Tabelle 2: Extreme Werte der Neigungen ($180° - i > 29°$)

Lfd. Nr.	Name	m	M	Sp	$180° - i$	e	v	$a/a_\odot$	V	Bemerkungen
					① Nearest Stars					
33	v. Maanen 2	12^{m}4	14^{m}3	wG	**35°8**	1.20	19°	< 0	399	1
218	Kapteyns St.	8.8	10.8	M 0	**106.2**	0.96	181	0.51	59	2
					② Schnelläufer					
174	—	8.6	7.0	G 5	**29.6**	0.95	178	0.52	68	
714	—	9.4	6.9	M 1	**31.7**	0.44	204	0.74	216	
623	Wolf 561	9.3	6.7	M 0	**36.6**	0.05	195	0.96	261	
612	—	8.5	5.9	F 5	**37.2**	0.78	195	0.63	172	
534	Ross 484	11.0	9.0	K 4	**37.2**	0.45	182	0.69	198	
154	Ross 34	10.6	9.2	K 5	**37.5**	0.94	186	0.55	118	
963	Ross 668	10.0	7.8	M 1	**41.0**	0.62	154	0.72	210	
39	—	8.8	7.1	R	**52.3**	0.57	206	0.73	211	
904	Wolf 1106	13.4	11.1	M 1	**55.9**	0.96	222	3.36	349	3
461	Ross 451	12.3	10.9	M 0	**83.2**	0.89	192	0.63	171	4
					③ Bright Stars					
					—					
					④ Sonstige Sterne ($180° - i > 20°$)					
556	— 5°3763	9.6	7.0	K 4	**21.6**	0.47	173	0.68	196	
700	+ 17.3154	8.8	6.4	G 1	**82.1**	0.27	143	0.85	242	

[1] Weißer Zwerg, Hyperbel.
[2] = — 45°1841, rückläufig, kleinste Bahngeschwindigkeit V.
[3] Größte große Halbachse.
[4] Größte Neigung, abgesehen von dem rückläufigen Kapteyns Stern (= Nr. 218).

Wir bemerken noch, daß die Sterne der Tabelle 2 überwiegend späten Spektraltypen angehören.

§ 12. Die Verteilung der Exzentrizitäten e

Obgleich es bekannt ist, daß die Schnelläufer große Exzentrizitäten besitzen, ist doch die Verteilung auch für die anderen Gruppen sowie für alle Sterne von Interesse. Auszählung und Häufigkeitsdiagramm geben uns Tabelle 3 und Abbildung 5.

Tabelle 3: Statistik der Bahnelemente:

Anzahlen der Exzentrizitäten e

e	Gruppe					
	1	2	3a	3b	4	alle
0.00—0.05	7	1	25	25	7	65
0.05—0.10	22	—	**62**	**78**	4	166
0.10—0.15	**31**	2	48	58	15	154
0.15—0.20	27	2	**62**	65	17	**173**
0.20—0.25	20	20	25	29	**21**	115
0.25—0.30	6	13	13	15	15	62
0.30—0.35	14	26	9	9	12	70
0.35—0.40	15	19	3	3	10	50
0.40—0.45	3	**32**	1	3	10	49
0.45—0.50	6	**32**	—	—	3	41
0.50—0.55	3	19	—	—	1	23
0.55—0.60	—	14	1	—	1	16
0.60—0.65	3	8	—	—	1	12
0.65—0.70	—	6	—	—	—	6
0.70—0.75	1	2	1	—	1	5
0.75—0.80	—	5	—	—	—	5
0.80—0.85	1	2	—	—	—	3
0.85—0.90	1	3	—	—	—	4
0.90—0.95	1	1	—	—	—	2
0.95—1.00	1	3	—	—	—	4
$>$ 1.00	1	—	—	—	—	1
Summe	163	210	250	285	118	1026

Während bei den Neigungen bei drei von unseren vier Gruppen die größte Häufigkeit wenigstens nahe bei 0° lag, ist bei keiner Gruppe das Häufigkeitsmaximum der Exzentrizitäten nahe bei 0.00. Das ist sehr bemerkenswert! Reine Kreisbahnen oder sehr kreisnahe Bahnen sind offenbar sehr selten.

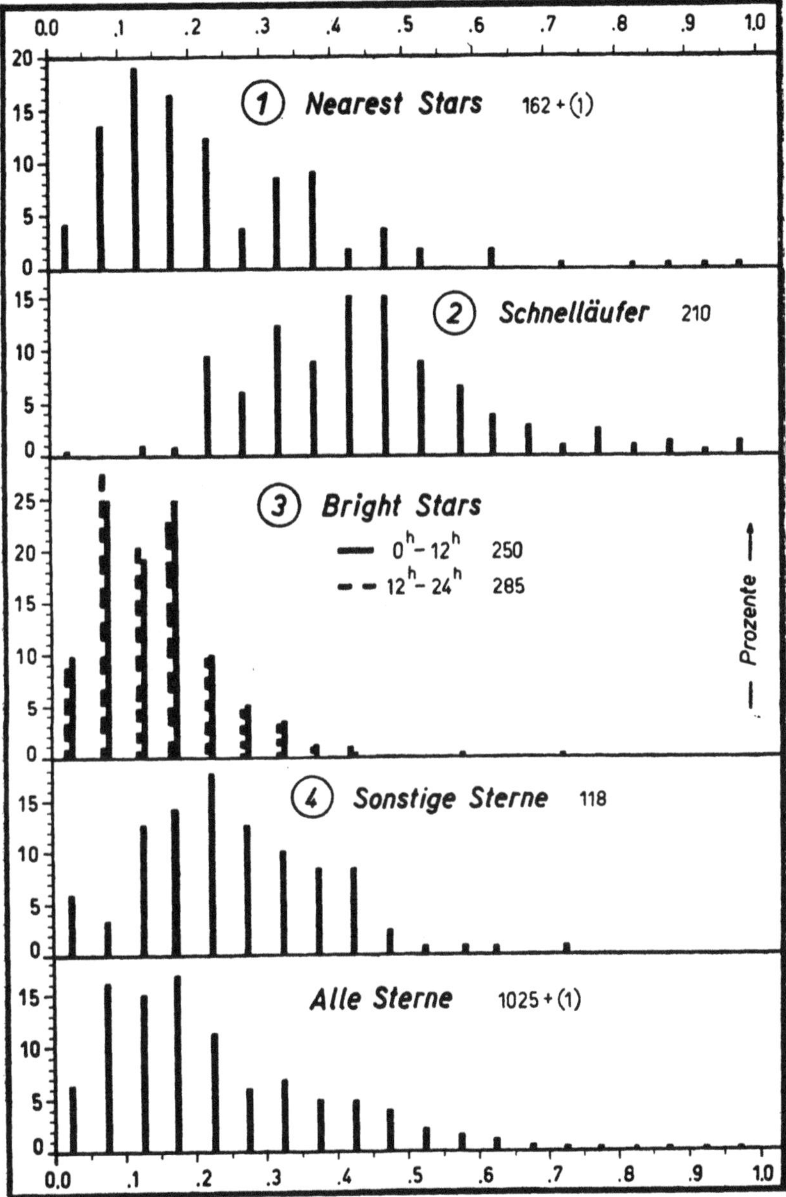

Abb. 5. Prozentuale Häufigkeit der Exzentrizitäten e

Im einzelnen können wir das folgende charakteristische Bild entwerfen:

1. Die Nearest Stars besitzen ein deutliches Häufigkeitsmaximum ihrer Exzentrizitäten nahe bei $e = 0.15$. Von dieser Stelle an tritt nach beiden Seiten ein starker Häufigkeitsabfall ein. Bei $e = 0.35$ finden wir noch ein sekundäres Maximum, dann folgt allgemeine Abnahme. Jedoch kommen einzelne Sterne noch bis $e = 1.0$ und darüber hinaus vor.
   Von $e = 0.00$ bis $e = 0.05$ zählen wir nur 7 Sterne (= 4,3%). Sehr kreisnahe Bahnen kommen also auch hier kaum vor. Dagegen finden wir von $e = 0.05$ bis $e = 0.25$ genau 100 Bahnen (= 61%). Der Rest, etwa 35%, hat größere Exzentrizitäten als 0.25. Stern 33 (= v. Maanen 2), der schon durch seine Neigung auffiel, ist der einzige Stern mit $e > 1$, also eine sichere Hyperbel.
2. Ganz anders zeigt sich die Gruppe der Schnelläufer. Bis $e = 0.20$ kommen nur 5 Sterne vor (2.4%). Dann folgt ein flacher, unregelmäßiger Anstieg der Häufigkeiten bis zu einem deutlichen Maximum bei $e = 0.45$. Der Abfall nach den großen Werten von e erfolgt nur langsam. Noch 9 Sterne (4,3%) haben eine Exzentrizität, die größer ist als 0.80.
3. Die Bright Stars zeigen in beiden Untergruppen zwei deutliche Maxima bei $e = 0.10$ und bei $e = 0.20$. Die sehr kleinen Exzentrizitäten von $e = 0.00$ bis $e = 0.05$ sind mit 50 Sternen (= 9,4%) etwas häufiger als bei den beiden ersten Gruppen. In der Untergruppe 3a liegen 172 Sterne (= 70%), in 3b 201 Sterne (= 70%) zwischen $e = 0.05$ und $e = 0.20$. Werte mit $e > 0.40$ kommen nur vereinzelt vor, nämlich bei 6 Sternen (= 1,1%) in beiden Untergruppen zusammen.
4. Die Sonstigen Sterne haben ihr Häufigkeitsmaximum bei $e = 0.25$, also merklich höher als die Nearest Stars und die Bright Stars. Der Abfall nach $e = 0$ zu ist recht stark, der nach höheren Werten merklich langsamer. Exzentrizitäten mit $e > 0.45$ kommen nur siebenmal vor (= 6%).
5. Alle Sterne zusammen zeigen infolge der großen Verschiedenheit der einzelnen Gruppen ein breites Maximum um $e = 0.15$. Von $e = 0.05$ bis $e = 0.25$ befinden sich 608 Sterne (= 59%). Der

Tabelle 4: Extreme Werte der Exzentrizitäten

Lfd. Nr.	Name	m	M	Sp	e	180° $-i$	v	$a/a_{\odot}$	V	Bemerkungen
				① Nearest Stars ($e > 0.50$)						
434	+44°.2051 A	8^m.7	9^m.9	M0	**0.50**	1°.1	102°	1.20	289	
488	Ross 695	11.7	11.9	M4	**0.50**	6.5	214	0.78	227	
754	+ 4°.3561	9.5	13.1	M5	**0.51**	4.7	269	1.34	301	Barnards St.
151	82 Eri	4.3	5.3	G5	**0.61**	7.7	162	0.66	188	
233	Ross 47	11.7	12.8	M5	**0.61**	4.6	161	0.67	193	
1024	— 37°.15492	8.6	10.3	M3	**0.64**	11.6	164	0.65	183	
324	Ross 619	12.5	13.4	M6	**0.70**	17.0	200	0.67	190	
48	μ Cass	5.2	5.8	G5	**0.82**	15.4	176	0.56	120	
66	L 726/8	12.0	16.7	M6	**0.87**	16.0	149	1.05	275	
473	HR 4550	6.4	6.6	G6	**0.93**	5.2	212	1.60	314	
218	— 45°.1841	8.8	10.8	M0	**0.96**	106.2	181	0.51	59	180 — i
33	v. Maanen 2	12.4	14.3	wG	**1.20**	35.8	19	<0	399	180 — i
				② Schnelläufer ($e > 0.80$)						
828	—	6.6	4.5	G0	**0.80**	25.1	174	0.57	131	
143	Wolf 134	14.4	13.1	M0	**0.83**	26.8	185	0.56	123	
805	+ 7°.3967	9.5	7.0	K0	**0.87**	6.4	195	0.66	186	
461	Ross 451	12.3	10.9	M0	**0.89**	83.2	192	0.63	171	180 — i
147	Wolf 1324	10.5	9.2	K5	**0.89**	4.2	189	0.58	144	
154	Ross 34	10.6	9.2	K5	**0.94**	37.5	186	0.55	118	180 — i
174	—	8.6	7.0	G5	**0.95**	29.6	178	0.52	68	180 — i
311	—	8.2	6.1	G0	**0.96**	18.6	200	1.14	284	
904	Wolf 1106	13.4	11.1	M1	**0.96**	55.9	222	3.36	349	180 — i
				③ Bright Stars ($e > 0.40$)						
543	70 Vrg	5.2	3.5	G0	**0.42**	1.4	188	0.71	206	
280	—	6.0	4.8	F8	**0.43**	2.6	176	0.70	202	
1023	85 Peg A	5.9	5.8	G5	**0.43**	7.1	179	0.69	201	
558	—	6.5	4.1	G0	**0.44**	0.3	163	0.72	209	
				④ Sonstige Sterne ($e > 0.45$)						
124	+ 15°.395	9.2	7.0	K5	**0.45**	0.3	185	0.69	198	
556	— 5.3763	9.6	7.0	K4	**0.47**	21.6	173	0.68	196	180 — i
146	+ 8.482	7.7	5.5	K0	**0.49**	4.8	183	0.67	192	
895	Wolf 896	11.5	9.7	M3	**0.51**	15.9	211	0.76	223	
35	Wolf 33	11.5	10.4	M2	**0.56**	10.8	155	0.72	207	
217	Wolf 232	9.2	6.9	K3	**0.60**	2.4	181	0.63	171	
131	Ross 791	12.0	10.7	M3	**0.74**	11.8	162	0.66	185	

Abfall nach den größeren Exzentrizitäten wird durch den Einfluß der Schnelläufer-Gruppe merklich verflacht.

Die vorstehende Tabelle 4 enthält die Übersicht über die großen Exzentrizitäten jeder der Gruppen. Abgesehen von der Hyberbel, Stern Nr. 33, besitzen die drei folgenden Sterne die größten Exzentrizitäten:

218 = Kapteyns Stern
311
904 = Wolf 1106

Bemerkenswert ist vielleicht noch Nr. 66 = L 726/8, der neuerdings als Flare-Stern aufgefallen ist[2].

Mit Ausnahme der Bright Stars gehören auch die Sterne der Tabelle 4 überwiegend den späteren Spektraltypen an. In der Spalte Bemerkungen ist $180° - i$ angegeben, wenn der Stern schon in der Tabelle 2 für große Neigungen vorkam.

§ 13. Die Verteilung der Anomalien v

Das Resultat der Auszählung der Verteilung der Anomalien zeigt uns Tabelle 5 und Abbildung 6.

Das Bild der Verteilung der wahren Anomalien ist ziemlich überraschend. Wenn die Sternbahnen Kreisbahnen wären, müßten alle Werte der Anomalie ziemlich gleichmäßig verteilt vorkommen. Da wir aber bereits wissen, daß Kreisbahnen kaum vorkommen, ist eine Häufung der Anomalien dort zu erwarten, wo die Sterne sich am langsamsten bewegen. Da wir ferner wissen, daß die Sonne ziemlich weit draußen, also in relativ großer Entfernung vom galaktischen Zentrum läuft, müssen also Sterne in exzentrischen Bahnen sich nahe bei ihrem Apogalaktikum befinden, wenn sie in der Nähe der Sonne sein sollen. Es müßten sich die Anomalien also symmetrisch zum Werte 180° häufen, sofern die Richtungen der großen Halbachsen der Sternbahnen mit der Richtung Sonne—galaktisches Zentrum genähert zusammenfallen.

Tabelle 5 und Abb. 6 beweisen aber, daß dies keineswegs genau erfüllt ist. Es zeigt sich ein deutliches Häufigkeitsmaximum — bei allen Gruppen — nahe bei $v = 165°$, also asymmetrisch zu $v = 180°$; an letzterer Stelle hat die Häufigkeit schon deutlich wieder abgenommen.

[2] S. PASP 65, 19 (1953).

Tabelle 5: Statistik der Bahnelemente:
Anzahlen der Anomalien v

v	Gruppe					
	1	2	3a	3b	4	alle
0°— 10°	1	—	5	3	—	9
10 — 20	5	1	2	3	—	11
20 — 30	2	—	6	3	1	12
30 — 40	—	—	3	2	—	5
40 — 50	—	2	6	4	—	12
50 — 60	2	—	2	2	3	9
60 — 70	2	2	2	3	2	11
70 — 80	2	2	1	2	1	8
80 — 90	6	1	1	2	1	11
90 —100	3	3	6	1	3	16
100 —110	6	1	5	4	3	19
110 —120	4	6	4	6	5	25
120 —130	6	7	11	19	9	52
130 —140	14	12	21	23	9	79
140 —150	11	14	22	20	7	74
150 —160	8	**23**	19	26	9	85
160 —170	**17**	22	**30**	28	**13**	**110**
170 —180	7	17	10	**29**	6	69
180 —190	10	17	8	22	6	63
190 —200	12	16	11	5	9	53
200 —210	1	15	11	4	5	36
210 —220	5	7	11	3	1	27
220 —230	5	11	10	9	6	41
230 —240	4	3	2	3	2	14
240 —250	4	3	5	4	2	18
250 —260	3	4	1	5	2	15
260 —270	2	6	2	4	1	15
270 —280	3	4	6	10	3	26
280 —290	1	4	4	10	3	22
290 —300	—	1	7	3	2	13
300 —310	4	1	6	5	1	17
310 —320	5	2	—	4	2	13
320 —330	2	1	3	3	—	11
330 —340	3	1	1	5	1	11
340 —350	1	—	2	3	—	6
350 —360	2	1	2	3	—	8
Summe	163	210	250	285	118	1026

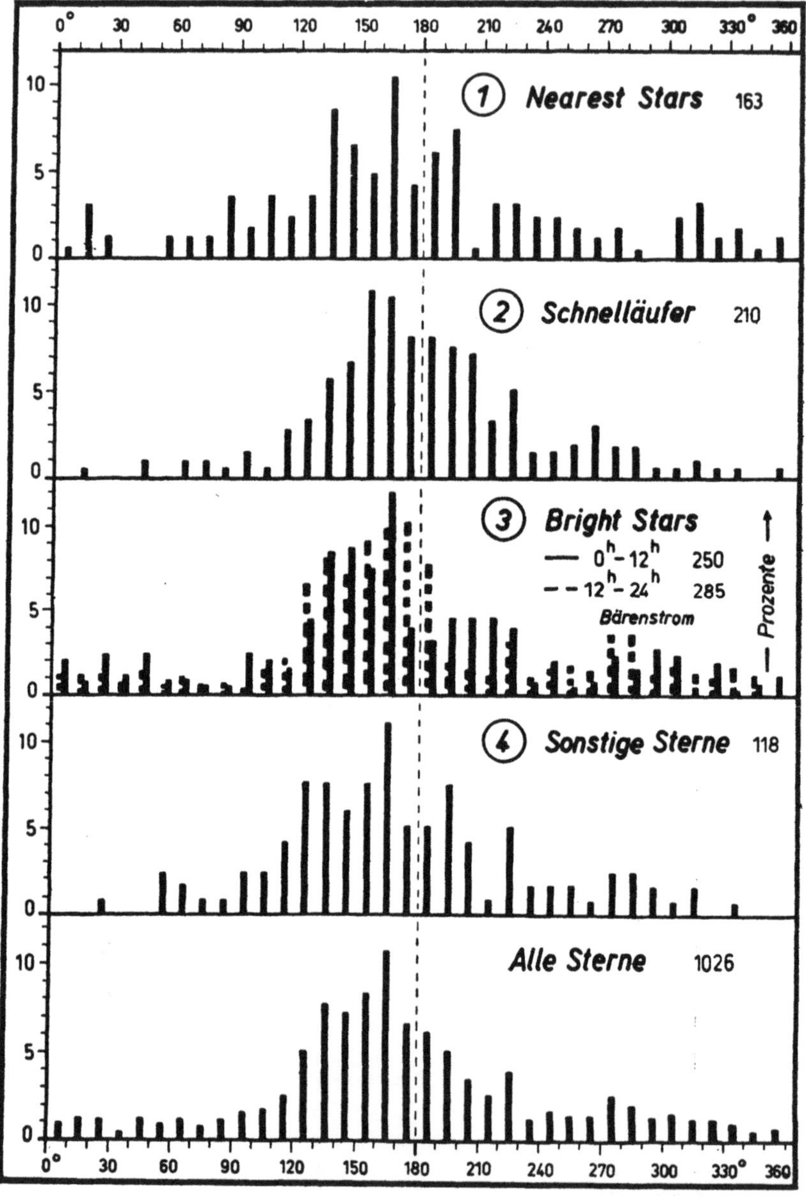

Abb. 6. Prozentuale Häufigkeit der Anomalien v

Für die einzelnen Gruppen ergibt sich, etwas genauer betrachtet, das folgende Bild:

1. Die Nearest Stars besitzen ein deutliches Häufigkeitsmaximum bei $v = 165°$. In dem Intervall von 130° bis 200° zählt man fast die Hälfte aller Sterne dieser Gruppe, nämlich 79 (= 48%).

2. Bei den Schnelläufern tritt das entsprechende Maximum schon etwas früher bei $v = 155°$ auf. Im 70°-Intervall von 120° bis 190° liegen 112 Sterne, etwas über die Hälfte (= 53%).

3. Bei den Bright Stars lassen sich hier die beiden Untergruppen trennen, wenn auch der Unterschied nicht sehr groß ist. Gruppe a hat das Maximum bei 165°; von 130° bis 200° zählt man 121 Sterne (= 49%), aber mit einem deutlichen Überwiegen auf der Seite der kleineren Anomalie.

   In der Gruppe *b* liegt das Maximum etwas später bei 175°; von 140° bis 210° befinden sich 134 Sterne (= 47%), mit einem sehr starken Überwiegen auf der Seite der kleineren Anomalien. Ob der Unterschied beider Gruppen reell ist, kann vorerst noch nicht entschieden werden.

   Von etwa 270° bis 300° fällt aber noch in beiden Gruppen ein deutliches sekundäres Maximum auf, das, wie sich leicht nachprüfen läßt, durch die Sterne des Bärenstromes verursacht wird.

4. Auch die Gruppe Sonstige Sterne hat ihr Häufigkeitsmaximum bei $v = 165°$. Von 130° bis 200° zählt man 59 Sterne, das sind wieder 50%.

Die Zusammenfassung aller Sterne bestätigt sehr deutlich die Asymmetrie zu 180° mit einem Maximum bei $v = 165°$, wobei ebenfalls das merkliche Überwiegen der Anomalien auf der Seite der kleineren Werte sichtbar wird. In dem Intervall von 130° bis 200° zählt man 533 Sterne, das ist etwas über die Hälfte (= 53%). Die Häufung der Anomalien um $v = 165°$ deutet also auf eine bevorzugte Richtung der großen Halbachsen hin, die nicht mit der Richtung Sonne—galaktisches Zentrum zusammenfällt. Eine gesonderte Tabelle für einzelne Sterne erübrigt sich hier.

§ 14. Die Verteilung der großen Halbachsen $a/a_{\odot}$

Da die Exzentrizitäten von Null verschieden sind, ist das Häufigkeitsmaximum der großen Halbachsen bei Werten, die kleiner sind als 1, zu erwarten. Die Statistik in Tabelle 6 und Abbildung 7 bestätigen dies.

Tabelle 6: Statistik der Bahnelemente:
Anzahlen der großen Halbachsen $a/a_{\odot}$

$a/a_{\odot}$	Gruppe					
	1	2	3a	3b	4	alle
< 0	1	—	—	—	—	1
0.50—0.60	2	7	1	—	—	10
0.60—0.70	6	41	1	1	5	54
0.70—0.80	19	**68**	13	18	29	147
0.80—0.90	36	39	82	90	27	274
0.90—1.00	**48**	12	**85**	**102**	**32**	**279**
1.00—1.10	27	19	52	67	16	181
1.10—1.20	6	10	9	5	7	37
1.20—1.30	8	8	4	1	1	22
1.30—1.40	3	—	3	—	—	6
1.40—1.50	3	1	—	1	—	5
1.50—1.60	1	2	—	—	1	4
1.60—1.70	2	—	—	—	—	2
1.70—1.80	1	—	—	—	—	1
> 1.80	—	3	—	—	—	3
Summe	163	210	250	285	118	1026

Im einzelnen läßt sich das Folgende sagen:

1. Bei den Nearest Stars kommen die Werte um 0.95 am häufigsten vor. 29% aller Sterne liegen in dem Intervall von 0.90 bis 1.00. Nach beiden Seiten findet ein steiler Abfall statt, wobei jedoch oberhalb von $a/a_{\odot} = 1.2$ nur ein langsames Abklingen erfolgt.
2. Bei den Schnelläufern tritt das Maximum schon sehr viel früher ein, entsprechend ihrer größeren Exzentrizität. Es liegt schon bei $a/a_{\odot} = 0.75$. Etwa ein Drittel aller Sterne liegt in dem Intervall von 0.70 bis 0.80. Auch hier sind in der untenstehenden Tabelle 7 die größten und kleinsten Werte gegeben.
3. Die Bright Stars zeigen ein breites und hohes Maximum von 0.80 bis 1.00 mit nur sehr wenig Sternen außerhalb dieser Grenzen.

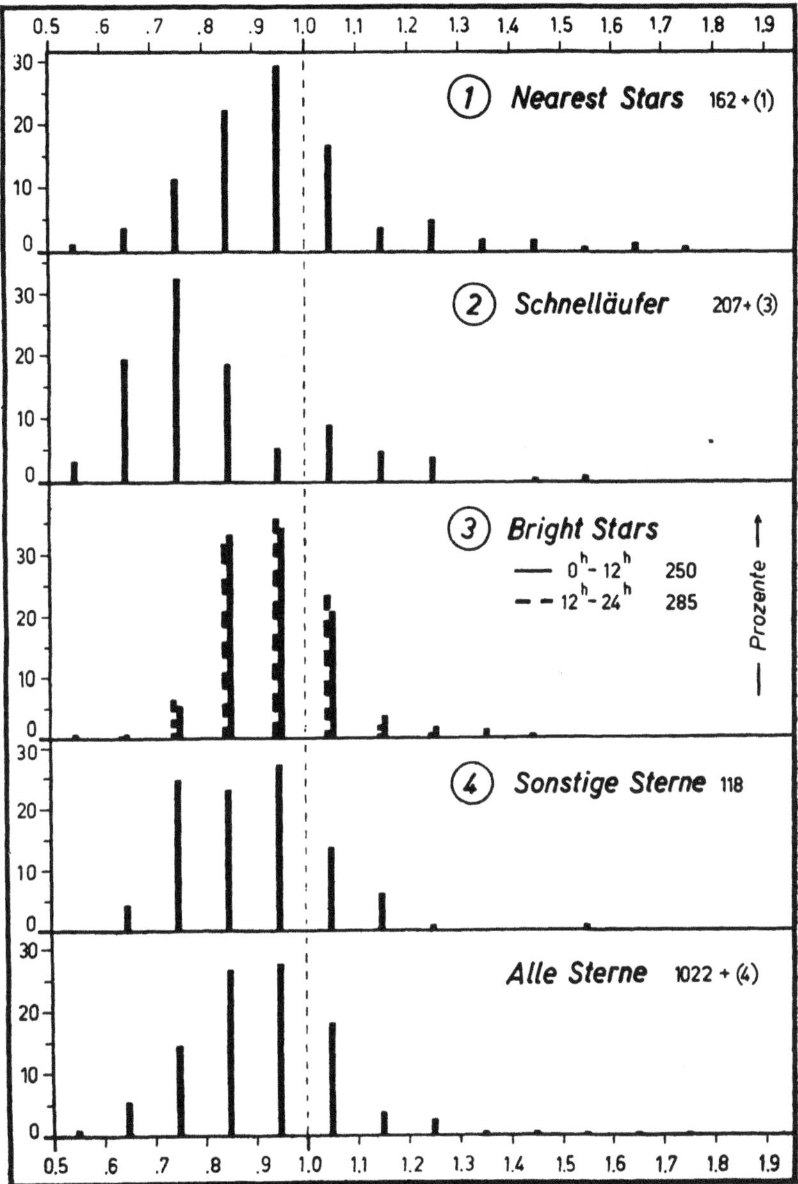

Abb. 7. Prozentuale Häufigkeit der großen Halbachsen $a/a_\odot$

Tabelle 7: Extreme Werte der großen Halbachsen $a/a_{\odot}$

Lfd. Nr.	Name	m	M	Sp	$a/a_{\odot}$	$180^{\circ} - i$	e	v	V	Bemerkungen
					① Nearest Stars					
33	v. Maanen 2	12.m4	14.m3	wG	< 0	35.°8	1.20	19°	399	180 — i, e
218	Kapteyns St.	8.8	10.8	Mo	0.51	106.2	0.96	181	59	180 — i, e
48	μ Cas	5.2	5.8	G5	0.56	15.4	0.82	176	120	e
473	HR 4550	6.4	6.6	G6	1.60	5.2	0.93	212	314	e
832	σ Drc	4.7	6.0	G9	1.66	3.6	0.41	342	316	
263	+ 17.°1320	9.5	9.5	Mo	1.78	5.8	0.46	334	320	
					② Schnelläufer					
143	Wolf 134	14.4	13.1	Mo	0.56	26.8	0.83	185	123	e
147	Wolf 1324	10.5	9.2	K5	0.58	4.2	0.89	189	144	e
154	Ross 34	10.6	9.2	K5	0.55	37.5	0.94	186	118	180 — i, e
174	—	8.6	7.0	G5	0.52	29.6	0.95	178	68	180 — i, e
453	—	9.7	7.4	G7	0.59	24.8	0.73	188	149	
571	Arcturus	0.2	-0.1	Ko	0.60	0.4	0.70	185	151	
828	—	6.6	4.5	Go	0.57	25.1	0.80	174	131	e
661	—	9.9	8.2	M1	2.02	4.4	0.51	351	329	
619	— 15.°4042	9.4	7.4	G6	3.24	5.8	0.70	18	349	
904	Wolf 1106	13.4	11.1	M1	3.36	55.9	0.96	222	349	180 — i, e
					③ Bright Stars					
					Gruppe a					
460	ι Crt	5.6	3.4	Go	1.31	1.2	0.24	0	298	
5	β Cas	2.4	1.7	F5	1.34	3.2	0.26	341	299	
108	13 Tri	5.9	3.9	Go	1.32	3.1	0.26	27	299	
					Gruppe b					
866	—	5.8	3.4	G5	1.22	6.5	0.19	31	291	
1009	16 Psc	5.6	3.0	F5	1.43	4.5	0.30	352	306	
					④ Sonstige Sterne					
217	Wolf 232	9.2	6.9	K3	0.63	2.4	0.60	181	171	e
131	Ross 791	12.0	10.7	M3	0.66	11.8	0.74	162	185	e
1003	— 11.°6064	8.0	6.4	K2	1.22	7.8	0.23	50	291	
583	Ross 130	10.5	9.9	M3	1.54	12.0	0.44	56	312	

Ein Unterschied zwischen den Gruppen a und b ist auch hier kaum zu erkennen.

4. Die Sonstigen Sterne haben ein breites Maximum, das sich von 0.7 bis 1.0 erstreckt. Hier liegen 88 Sterne (= 75 %), so daß nur noch wenige Sterne außerhalb dieser Grenzen bleiben.

Die Zusammenfassung aller Sterne bestätigt das starke Überwiegen von großen Halbachsen, für die $a/a_{\odot} < 1.0$ ist.

In der vorhergehenden Tabelle 7 sind die Extremwerte jeder Gruppe zusammengestellt. Wenn in der Spalte Bemerkungen ein anderes Element angegeben ist, so besagt dies, daß der Stern in einer der früheren Tabellen 2 oder 4 vorkam.

Das Überwiegen der späten Spektraltypen ist in der Tabelle 7 nicht mehr so deutlich sichtbar wie bisher.

§ 15. Die kleinsten perigalaktischen und die größten apogalaktischen Abstände

Infolge der Exzentrizitäten können verschiedene Sterne sehr nahe an das galaktische Zentrum herankommen oder auch sehr weit hinausgeführt werden. Besonders diejenigen Sterne, welche sich dem Zentrum der Milchstraße sehr stark nähern, werden in Wirklichkeit in ganz anderen Bahnen laufen. Eine eingehende Statistik lohnt sich daher kaum, und wir können uns auf die Betrachtung der Extremwerte beschränken.

Zählt man alle Sterne aus, für die entweder $q < 0.40$ oder $q' > 1.60$ ist, so erhält man zunächst die folgenden Anzahlen:

	Gruppe				
	1	2	3	4	alle
$q < 0.40$	12	12	4	1	29
$q' > 1.60$	11	77	2	7	97

Das Gros der Sterne, welche dem galaktischen Zentrum nahe kommen, besteht natürlich aus Schnelläufern. Doch sind auch eine ganze Reihe anderer Sterne zu beachten.

Die kleinsten perigalaktischen Distanzen haben folgende Sterne, denen künftig besondere Aufmerksamkeit zu schenken ist:

Kleinste perigalaktische Distanzen q:

Lfd. Nr.	q
174	0.02
218	0.02
154	0.04
311	0.05
147	0.07
461	0.07
805	0.09

Von diesen Sternen gehört nur laufende Nr. 218 der Gruppe 1 an. Alle Sterne sind in Tabelle 4 bei den großen Exzentrizitäten aufgezählt und befinden sich nahe $v = 180°$.

Die größten apogalaktischen Distanzen q' finden wir bei folgenden Sternen:

Größte apogalaktische Distanzen q':

Lfd. Nr.	q'
661	3.04
473	3.10
619	5.50
904	6.57

Von diesen gehört nur Nr. 473 der Gruppe 1 an. Alle diese Sterne sind in Tabelle 7 enthalten und befinden sich nahe der Anomalie 0° oder 220°.

§ 16. Die Verteilung der Bahngeschwindigkeiten V

Die Bahngeschwindigkeit ist natürlich kein selbständiges Element mehr, wenn die Bahn bestimmt ist. Dennoch dürfte ihre Verteilung interessieren. Die Resultate der Auszählung sind in Tabelle 8 und in der Abbildung 8 wiedergegeben.

Tabelle 8: Statistik der Bahnelemente:
Anzahlen der Bahngeschwindigkeit V km/sec

V	Gruppe					
	1	2	3a	3b	4	alle
40— 60	1	—	—	—	—	1
60— 80	—	1	—	—	—	1
80—100	—	—	—	—	—	—
100—120	—	1	—	—	—	1
120—140	1	2	—	—	—	3
140—160	—	3	1	—	—	4
160—180	—	12	—	—	1	13
180—200	6	27	1	—	4	38
200—220	7	**44**	2	5	12	70
220—240	21	41	22	33	26	143
240—260	49	27	**120**	**121**	**36**	**353**
260—280	**52**	27	88	117	30	314
280—300	17	19	16	7	8	67
300—320	7	3	—	1	1	12
320—340	1	1	—	1	—	3
340—360	—	2	—	—	—	2
360—380	—	—	—	—	—	—
380—400	1	—	—	—	—	1
Summe	163	210	250	285	118	1026

Wie zu erwarten, überwiegen in allen Gruppen die Bahngeschwindigkeiten, welche kleiner sind als die der Sonne. Wenn wir uns auf die Extremwerte beschränken, erhalten wir die in Tabelle 9 gegebene Übersicht. Die Gruppe der Nearest Stars liefert uns die größte und die kleinste Bahngeschwindigkeit. Im übrigen kommen alle Sterne der Tabelle 9 schon an verschiedenen Stellen der vorhergehenden Tabellen 2, 4 und 7 vor.

§ 17. Bemerkungen zu den in den Tabellen 2, 4, 7 und 9 enthaltenen Sternen

In den Tabellen 2, 4, 7 und 9 sind aus der großen Anzahl von Sternen 52 verschiedene Sterne ausgesondert worden, die sich dadurch auszeichnen, daß wenigstens eines ihrer Bahnelemente einen extremen Wert annimmt.

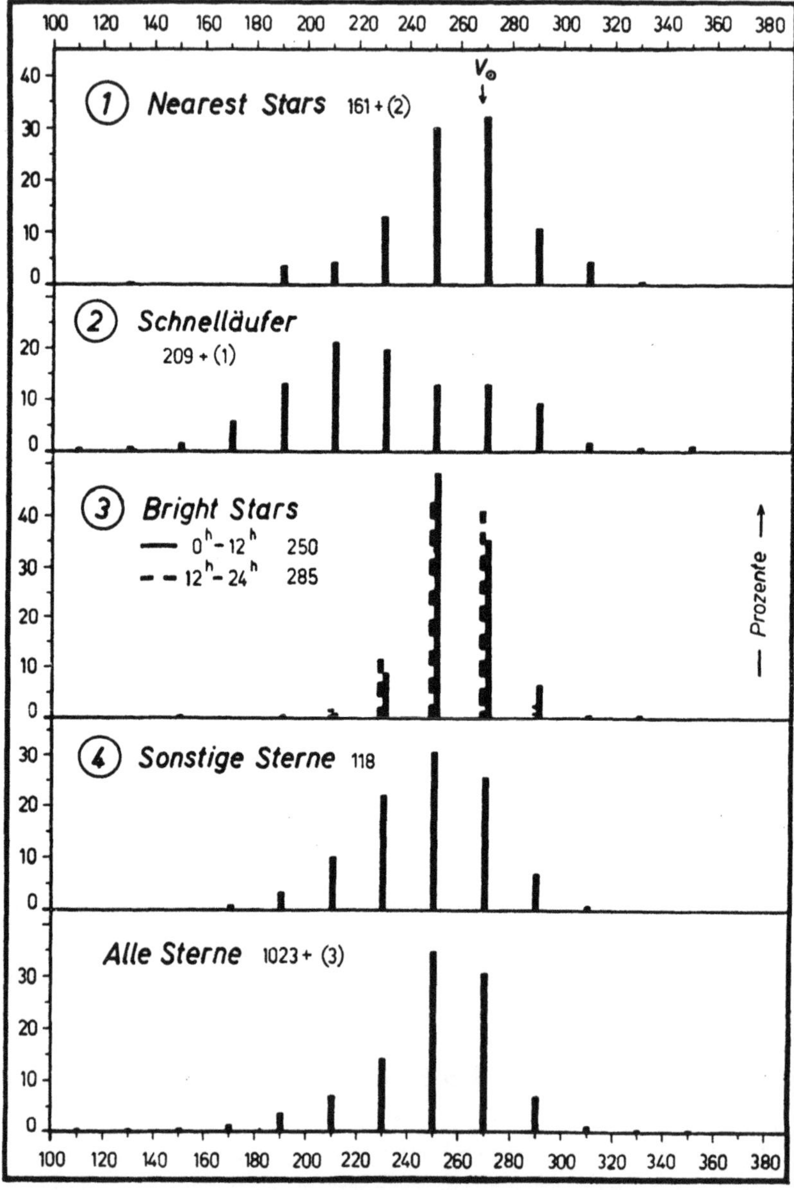

Abb. 8. Prozentuale Häufigkeit der Geschwindigkeiten V

Tabelle 9: Extreme Werte der Bahngeschwindigkeiten

Lfd. Nr.	Name	m	M	Sp	V	$180^\circ - i$	e	v	$a/a_\odot$	Bemerkungen
					① Nearest Stars					
218	Kapteyns St.	$8^{\mathrm{m}}.8$	$10^{\mathrm{m}}.8$	M0	**59**	$106^\circ.2$	0.96	181°	0.51	$180-i, e, a/a_\odot$
263	$+17^\circ.1320$	9.5	9.5	M0	**320**	5.8	0.46	334	1.78	$a/a_\odot$
33	v. Maanen 2	12.4	14.3	wG	**399**	35.8	1.20	19	<0	$180-i, e, a/a_\odot$
					② Schnelläufer					
174	—	8.6	7.0	G5	**68**	29.6	0.95	178	0.52	$180-i, e, a/a_\odot$
154	Ross 34	10.6	9.2	K5	**118**	37.5	0.94	186	0.55	$180-i, e, a/a_\odot$
661	—	9.9	8.2	M1	**329**	4.4	0.51	351	2.02	$a/a_\odot$
619	$-15^\circ.4042$	9.4	7.4	G6	**349**	5.8	0.70	18	3.24	$a/a_\odot$
904	Wolf 1106	13.4	11.1	M1	**349**	55.9	0.96	222	3.36	$180-i, e, a/a_\odot$
					③ Bright Stars					
1009	16 Psc	5.6	3.0	F5	**306**	4.5	0.30	352	1.43	$a/a_\odot$
					④ Sonstige Sterne					
217	Wolf 232	9.2	6.9	K3	**171**	2.4	0.60	181	0.63	$e, a/a_\odot$
583	Ross 130	10.5	9.9	M3	**312**	12.0	0.44	56	1.54	$a/a_\odot$

Fünf von diesen Sternen zeichnen sich durch ihre besonderen Werte in allen vier Elementen aus; sie seien deshalb noch einmal einzeln hervorgehoben:

218 Kapteyns Stern: kleinste Geschwindigkeit, kleinste große Halbachse, zweitgrößte Exzentrizität, rückläufig bei sehr großer Neigung.

33 v. Maanen 2: größte Geschwindigkeit, Hyperbel, weißer Zwerg.

174 zweitkleinste Geschwindigkeit und große Halbachse, sehr große Exzentrizität.

154 Ross 34: kleine Geschwindigkeit, große Exzentrizität und Neigung, sehr kleine große Halbachse.

904 Wolf 1106: zweitgrößte Geschwindigkeit und Exzentrizität, sehr große Neigung, größter Wert der großen Halbachse.

Von den übrigen 47 Sternen, sind 7 in drei Elementen, 13 Sterne in zwei Elementen hervorzuheben, während die restlichen nur in einem Element extreme Werte zeigen.

Von den genannten 52 Sternen gehören nur 21 den Spektraltypen F und G an, während die Mehrzahl, nämlich 31, den Typen K bis R zugeordnet ist.

Alle 52 Sterne verdienen ein großes Interesse; es sei daher auch an dieser Stelle an die Beobachter die Bitte gerichtet, gerade diese Sterne bevorzugt zu beobachten.

§ 18. Vergleich der Bahnelemente einiger Sterne mit denjenigen W. Lohmanns

Obgleich die Untersuchung der Genauigkeit der Bahnelemente einem späteren Teil vorbehalten ist, soll schon hier gezeigt werden, daß die Elemente nur geringfügige Änderungen erleiden, wenn mit einer anderen Sonnengeschwindigkeit gerechnet wird. Es wurde schon früher erwähnt, daß W. Lohmann[3] für 59 gelbe und rote Unterzwerge galaktozentrische Bahnelemente abgeleitet hat. Er beschränkt sich also auf eine kleine Gruppe von Sternen, von denen wiederum nur ein kleiner Teil sicher bestimmte Parallaxen hat, und benutzt im übrigen statistisch bestimmte Parallaxen, die meistens wesentlich kleiner sind als unsere Grenze. Bei einem Vergleich findet man daher nur 17 gemeinsame Sterne. Lohmann rechnet auch mit einer anderen Sonnengeschwindigkeit, nämlich mit 250 km/sec, ferner nach einem anderen Formelsystem und teilweise auch mit anderen Ausgangsdaten. Die Werte der Bahnneigungen gibt er nicht explizite, sie sind aber leicht zu berechnen. Die wahre Anomalie fehlt bei Lohmann ganz. Tabelle 10 gibt den Vergleich der Elemente.

Die Übereinstimmung ist überraschend gut. Wenn Unterschiede auftreten, so liegt das an merklich verschiedenen Ausgangsdaten; so benutzt z. B. Lohmann bei Stern 233 eine merklich größere, bei 612 eine kleinere Parallaxe.

§ 19. Zusammenfassung der bisherigen Ergebnisse

Unter der Annahme einer kreisförmigen Sonnenbahn mit einer Geschwindigkeit von 268 km/sec im Abstande von 10 000 pc vom galaktischen Zentrum werden oskulierende genäherte Bahnelemente von über 1000 Fixsternen abgeleitet, deren Parallaxen $\geq 0''.030$ sind. Es

[3] Zeitschr. f. Astrophysik **25**, 293 (1948).

Tabelle 10: Vergleich der Bahnelemente von 17 Sternen mit Lohmann

Sch = Elemente nach Schütte, L = Elemente nach Lohmann

Lfd. Nr.	Lohmann Nr.	m	Sp	$180^\circ - i$ Sch.	$180^\circ - i$ L.	e Sch.	e L.	$a/a_\odot$ Sch.	$a/a_\odot$ L.	q Sch.	q L.	V Sch.	V L.	Gruppe
125	1	$9^m.5$	K6	$0^\circ.0$	$1^\circ.5$	0.49	0.43	0.68	0.71	0.35	0.41	193	192	1
147	3	10.5	K5	4.2	5.4	0.89	0.88	0.58	0.61	0.07	0.07	144	152	2
154	7	10.6	K5	37.5	25.5	0.94	0.92	0.55	0.57	0.04	0.07	118	126	2
233	9	11.7	M5	4.6	3.7	0.61	0.42	0.67	0.82	0.26	0.48	193	220	1
461	24	12.3	M0	83.2	89.4	0.89	0.88	0.63	0.63	0.07	0.08	171	163	2
534	31	11.0	K4	37.2	37.2	0.45	0.38	0.69	0.73	0.38	0.45	198	199	2
612	36	8.5	F5	37.2	50.5	0.78	0.83	0.63	0.61	0.14	0.10	172	150	2
619	37	9.4	G6	5.8	8.6	0.70	0.94	3.24	3.84	0.98	0.24	349	330	2
694	41	9.9	M3	2.4	4.7	0.24	0.20	0.82	0.98	0.62	0.78	236	247	1
700	42	8.8	G1	82.1	79.5	0.27	0.24	0.85	0.91	0.62	0.69	242	237	4
754	44	9.5	M5	4.7	5.6	0.51	0.56	1.34	1.85	0.66	0.80	301	302	1
755	45	9.4	G3	6.2	7.2	0.76	0.84	1.59	2.04	0.38	0.33	313	307	2
807	48	10.7	M1	2.8	3.4	0.20	0.39	1.19	1.56	0.95	0.96	287	292	1
808	49	10.7	M2	3.0	3.4	0.20	0.39	1.20	1.56	0.96	0.96	289	292	1
904	51	13.4	M1	55.9	64.8	0.96	0.97	3.36	5.56	0.15	0.14	349	337	2
998	57	8.3	F8	9.4	13.4	0.79	0.73	0.73	0.79	0.15	0.21	211	214	2
1022*	59	8.8	A8	7.9	8.2	0.08	0.61	0.97	0.78	0.90	0.30	264	212	1

* Nach Erscheinen der beiden ersten Teile dieser Untersuchung teilte mir Herr W. Lohmann mit, daß in seiner Arbeit der Stern 1022 = Lohmann 59 mit der fehlerhaften Parallaxe $0''.103$ gegeben ist, während er mit der richtigen Parallaxe $0''.0103$ gerechnet hat. Ich habe mit $0''.103$ gerechnet, der Widerspruch ist damit geklärt und der Stern muß im vorliegenden Katalog ganz gestrichen werden.

wurden jedoch nur Sterne benutzt, für die trigonometrische oder spektroskopische Parallaxen vorlagen. Die Methode lehnt sich an die Bahnbestimmung der Kl. Planeten an, konnte jedoch erheblich einfacher durchgeführt werden (Teil I). So entstand ein Katalog der galaktozentrischen Bahnelemente von 1026 Fixsternen, der erstmals die vollständigen Daten einer großen Zahl von Sternen gibt und bis zu der gesteckten Grenze nahezu vollständig sein dürfte (Teil II).

Die Sterne wurden in vier Gruppen unterteilt:

1. Nearest Stars (vorwiegend nach einer Liste von Kuiper) mit Parallaxen $\geqq 0''.095$ (163 Sterne);
2. Schnelläufer nach einer Liste von Miczaika und durch weitere Sterne ergänzt (210 Sterne);
3. Bright Stars nach dem Parallaxenkatalog des Yale Observatory (250 + 285 Sterne in 2 Untergruppen);]
4. Sonstige Sterne, die nicht in eine der vorigen 3 Gruppen hineinpassen (118 Sterne).

Die wichtigsten Ergebnisse der statistischen Auswertung der Bahnelemente im Teil III sind kurz zusammengefaßt die folgenden:

Neigungen: Die Mehrzahl der Sternbahnen hat kleine Neigungen, die Häufigkeitsmaxima liegen überwiegend bei 0°; nur die Gruppe der Schnelläufer und die Sonstigen Sterne weichen etwas hiervon ab. 8% der Bahnen haben noch Neigungen von mehr als 10°. Viele große Neigungen kommen besonders bei den Schnelläufern vor. Ein Stern ist rückläufig (Nr. 218 = Kapteyns Stern) bei gleichzeitiger großer Neigung. Vier Sterne haben Neigungen von mehr als 45°, von ihnen laufen zwei fast senkrecht zur galaktischen Ebene.

Exzentrizitäten: Die Schnelläufer, deren große Exzentrizitäten schon bekannt sind, haben ein Häufigkeitsmaximum bei $e = 0.45$. Aber auch keine der anderen Sterngruppen hat ihr Häufigkeitsmaximum bei $e = 0.00$. Nur etwa 6% aller Sterne besitzen Exzentrizitäten zwischen 0.00 und 0.05; d. h. daß Kreis- und kreisähnliche Bahnen sehr selten sind, während viele große Exzentrizitäten vorkommen. Der Mittelwert der Exzentrizitäten liegt ungefähr bei $e = 0.15$. Ein Stern beschreibt eine einwandfreie Hyperbel, bei gleichzeitiger großer Bahnneigung von 36° (Nr. 33 = v. Maanen 2, $e = 1.20$).

Wahre Anomalie: Das interessanteste Verhalten zeigt die Verteilung der wahren Anomalie, die übrigens bei allen Gruppen nahezu gleichartig ist. In exzentrischen Bahnen müßten sich die Sterne nahe bei der Anomalie $v = 180°$ häufen, sofern die Richtung ihrer großen Halbachsen mit der Richtung Sonne—galaktisches Zentrum übereinstimmt. Dies ist aber nicht der Fall; die Anomalien häufen sich sehr deutlich um eine andere Stelle, die zwischen den Werten $v = 155°$ bis $v = 175°$ gelegen ist. Die bevorzugte Orientierungsrichtung der großen Halbachsen der Sternbahnen fällt also nicht mit der Richtung Sonne—galaktisches Zentrum zusammen.

Die großen Halbachsen häufen sich ihrer Größe nach an einer Stelle, die kleiner ist als der Abstand Sonne—Zentrum. Der größte vorkommende Wert ist 3.36. Die peri- und apogalaktischen Distanzen schwanken zwischen den Grenzen 0.02 und 6.57.

Auch die Bahngeschwindigkeiten häufen sich um einen Wert, der kleiner ist als die angenommene Sonnengeschwindigkeit, und zwar bei allen Sterngruppen. Die größte und die kleinste Bahngeschwindigkeit sind die folgenden:

Nr. 218, Kapteyns Stern, $V = 59$ km/sec
Nr. 33, v. Maanen 2, $V = 399$ km/sec, hyperbolisch.

Im Teil III werden insgesamt 52 Sterne herausgesucht und zusammengestellt, bei denen eins oder mehrere Bahnelemente durch ihre extremen Werte auffallen. Zur weiteren Sicherung der Bahnen gerade dieser Sterne sind Beobachtungen der Parallaxen, Radialgeschwindigkeiten und Eigenbewegungen besonders erwünscht.

Weitere Untersuchungen werden sich mit Einzelheiten sowie mit der Frage der Genauigkeit der abgeleiteten Bahnelemente befassen. Das bisherige rein statistisch-kinematische Bild hat jedenfalls schon bemerkenswerte Ergebnisse gezeigt.

Besonderen Dank schulde ich der Deutschen Forschungsgemeinschaft, durch deren Unterstützung es möglich wurde, in so kurzer Zeit das umfangreiche Material zu bewältigen.

GPSR Compliance
The European Union's (EU) General Product Safety Regulation (GPSR) is a set of rules that requires consumer products to be safe and our obligations to ensure this.

If you have any concerns about our products, you can contact us on

ProductSafety@springernature.com

In case Publisher is established outside the EU, the EU authorized representative is:

Springer Nature Customer Service Center GmbH
Europaplatz 3
69115 Heidelberg, Germany

www.ingramcontent.com/pod-product-compliance
Ingram Content Group UK Ltd.
Pitfield, Milton Keynes, MK11 3LW, UK
UKHW040027200726
13854UKWH00001B/400
* 9 7 8 3 6 6 2 3 7 4 9 1 7 *